Antídoto Liviano

Para ingenieros y técnicos con la espinita clavada de que podrían vivir mejor, pero entre la rutina, el cansancio y el "ya lo haré" no han encontrado ni el cuándo ni el cómo.

Dedicatoria

Si estás con ese zumbido en la cabeza que dice: "puedes más".

*Y alguna vez sentiste que "**esto no puede ser todo**".*

Este libro es para ti.

Estoy segura de que sabes más de lo que tu curriculum dice. Aquí encontrarás. Un antídoto liviano para ti que estás listo para moverte.

Sin pedir permiso.

Índice

Antídoto

Un antídoto es una sustancia que anula los efectos de un veneno o de algo tóxico.

Su misión es, *ser el "enemigo natural" del veneno*: puede actuar uniéndose a la sustancia tóxica para que el cuerpo la elimine.

Aquí está utilizada esta palabra **antídoto** para eliminar la creencia **tóxica** de que no puedes prosperar laboralmente con la programación de un miniPLC por el motivo que sea:

Porque sientas que no tienes tiempo para lograrlo. Porque sientas que ya es demasiado tarde. O porque no recibas el apoyo de tu entorno.

Estos factores y otros serán tratados en este libro para demostrarte que con esta tecnología lograrás. Ese tiempo que deseas.

Cumplir un sueño como el de automatizar por programa por ti mismo.

Y por supuesto, demostrarte que sí, que estabas en lo cierto por perseguir ese algo más que te faltaba. Espero que disfrutes de su lectura.

Este libro no es como todos

Este libro no es para cualquiera

Este libro pretende dejarte

Una huella de superación

Para la vida entera

Introducción

Hay libros que uno busca... y libros que te encuentran.

Este probablemente te encontró justo a tiempo.

Cuando ya empezabas a notar algo que aún no te habías animado a decir en voz alta:

Esa punzada interna, casi imperceptible, que te susurra: "podrías estar mejor".

No se trata de sueños inalcanzables.

Ni de cambiar el mundo.

Hablamos de **trabajar con más sentido**, con más tranquilidad, con más opciones. De recuperar el control, de dejar de ir a remolque.

Hablamos de sacarle partido real a lo que ya sabes.

A lo que ya llevas recorrido, aunque no te lo reconozcan en el currículum.

Y sin embargo, ahí estás.

Con la sensación de que das vueltas sobre lo mismo.

Con la cabeza llena de esquemas,

sensores, herramientas, lógica... pero sin una estrategia clara que convierta ese conocimiento en **ventaja profesional**.

Este libro no es un curso.
No es una guía técnica.
No vas a encontrar fórmulas mágicas ni palabras sin sentido.

Tampoco pretende inspirarte con frases de calendario ni venderte la moto, aunque estoy aquí para servirte y para ello te ofreceré un siguiente paso.

Este libro es un espejo.
Y también un empujón suave, pero firme.

Un “**ya está bien**”, dicho con respeto.
Un “**te entiendo**”, desde dentro del oficio.
Un “**vamos, que sí puedes**”, pero con los pies en la tierra.

¿Por qué está este libro en tus manos?

Porque, aunque aún creas que te falta algo técnico, **el problema ya no está ahí**.

Está en las decisiones que vas posponiendo. En el calendario que siempre se llena con lo urgente, **pero nunca con lo importante.**

En ese pensamiento sutil que te dice:

"Aún no es el momento",
"Ya hay otros que saben más",
"No quiero complicarme con esto ahora".

Has llegado al punto donde lo difícil no es aprender más, sino **decidir qué hacer con lo que ya sabes**.

Y eso lo cambia todo.

Este libro es una invitación a hacer justo eso:

Colocar tu experiencia en el lugar correcto.
Y convertirla, de una vez, en dirección.

No se trata de reinventarte.
Ni de cambiar de sector.

Se trata de **redibujar tu mapa profesional** usando herramientas que ya están en tu caja.

Aquí encontrarás ideas prácticas, historias reales, y sobre todo, una propuesta clara: **darle dirección a lo que sabes**.

Si decides seguir leyendo, probablemente te verás reflejado. Puede que incluso te rías... o te piques un poco.

Ambas son señales de que este libro ya está haciendo su trabajo.

Y tú, ya estás haciendo el tuyo.

"Este libro está escrito a dos voces: la mía y la de Niko, mi compañero de vida, que con sus ideas y apoyo constante es coautor de cada página."

Prólogo

Hay libros que se escriben para enseñar, otros para inspirar, y unos pocos —como este— para provocar un movimiento.

Antídoto liviano no es un manual técnico, aunque habla de tecnología.

No es un libro de autoayuda, aunque ayuda a quien lo lee.

Es, más bien, una invitación directa a mirar de otra forma la vida profesional, sobre todo si vienes del mundo técnico, de la ingeniería o de esos oficios donde la rutina amenaza con apagar la chispa de la curiosidad.

Con un lenguaje cercano, lleno de ejemplos reales y con un tono que combina humor, claridad y firmeza, la autora consigue algo poco común: traducir la experiencia técnica en herramientas vitales, esas que no solo sirven para manejar máquinas, sino para recuperar dirección, seguridad y confianza en uno mismo.

Quien abra estas páginas se encontrará con un espejo, con historias que resuenan, con frases que incomodan y con propuestas que invitan a dar un paso adelante sin esperar la aprobación de nadie.

Es un libro escrito para mover, para que cada lector descubra que puede más de lo que cree.

Recomendar este libro es sencillo: porque no promete lo imposible, convierte en posible crear desde lo que ya sabes. Y porque leerlo no solo te da ideas, sino que te coloca frente a una decisión: seguir como hasta ahora... o empezar a moverte. La clave será dar el primer paso y cambiar las reglas del juego.

Si lo lees con atención, no te dejará igual. Ese es el mejor elogio que puede recibir un libro. Será un antídoto liviano para comenzar.

Carlota Abello Fernández

Capítulo 1
Ese módulo que parece poca cosa, pero que no lo es.

El módulo que cambia tu forma de pensar. Y la verdad, ya era hora.

¿Te suena ese típico módulo compacto programable por ordenador que ves en las instalaciones?

Esa pequeña caja que, de lejos, parece un bloque de plástico, tan discreto que casi lo ignoras, hasta que lo conectas y empieza a hacer su magia.

Ese "módulo compacto programable" que ves en muchos cuadros —LOGO! de Siemens, Zelio Logic de Schneider, ZEN de Omron, Micro 800 de Allen-Bradley— **no es un bloque más**: es un **miniPLC**, pensado para **reemplazar relés y temporizadores cableados** con lógica clara y fácil de ajustar.

La familia es grande y, si llevas un tiempo en el sector, seguro que alguno ya te ha guiñado el ojo. **Y no, no es por el parpadeo nervioso de una bobina mal conectada... es porque saben que tarde o temprano ibas a fijarte en ellos, aunque de momento puede que al verlo sea un enigma para ti.**

Lo que quizás no has visto aún es todo lo que puede hacer por ti. Y no me refiero solo a la instalación, sino a ti, al profesional que eres.

Imagina esto: un depósito, un sensor de nivel y una bomba. Antes: temporizadores, relés, cableado kilométrico. Ahora: **una lógica visible**, una alarma si

algo falla y **cambios en minutos**, sin recablear.

Cuando montas uno de estos módulos, no solo estás automatizando una maniobra. Estás, de golpe:

- **Jubilando al batallón**: Despidiendo con honores a ese ejército de relés y temporizadores que te hacían ocupar espacio y perder tiempo. Todo eso, ahora reducido a lo esencial.
- **Haciendo la limpieza**: Liberando espacio en el cuadro eléctrico, antes imposible de encontrar.

Adiós a los cables interminables y a las pruebas que desgastaban tu paciencia. Y sí, recuperando también tu calma... esa que creías perdida.

- **Convirtiendo el caos en lógica cristalina**: Haciendo que la lógica del sistema quede tan clara que cualquiera entendería, visible y sencilla de ajustar. ¡Un milagro!
- **"Y lo mejor de todo...** descubriendo que programar también puede estar a tu alcance. Si tú te animas a explorar."

Y sin darte cuenta, también te vas despidiendo de:

- Instalaciones caóticas: Dándole la bienvenida a un sistema más limpio, organizado y con un aspecto profesional impecable.
- Esa sensación de que la cosa es solo para unos pocos elegidos: Porque el sistema será tan fácil de entender que cualquiera que lo vea dirá: "Anda, pero si esto tiene sentido".
- El famoso "**miedo a programar**": Ese mito de que necesitas un chip

> de genio o haber nacido en Matrix... cuando la realidad es mucho más sencilla.

Porque estos módulos —más allá de la marca, del color o del software específico— tienen algo fundamental en común: son auténticos **abrepuertas**. Y lo mejor es que no necesitas ser ingeniero en programación para aprovecharlos. Basta con que entiendas los fundamentos, que te atrevas a probar, a jugar con sus posibilidades... y acabarás diciendo: "¡Pues si puedo! Y yo pensando que esto era para los de la NASA."

Son pequeños, sí, pero son una herramienta que puede ser tu antídoto más eficaz contra la rutina y esa sensación de que lo mejor ya pasó.

¿Y si este fuera tu primer paso?

Capítulo 2 ¿Dónde vive un miniPLC? (y la tarea para que lo encuentres).

En el Capítulo 1, ya descubrimos que ese pequeño cerebro de automatización, tu **miniPLC**, es un gigante disfrazado.

Es un héroe que libera espacio, jubila cables y actúa como un **antídoto** contra el miedo a programar.

Pero la pregunta del millón es:

¿Dónde se esconde este campeón de la eficiencia?

La respuesta es sencilla: ¡casi en cualquier rincón donde haya algo que encender, apagar, contar o mover automáticamente!

Piensa en tu día a día, sea en el trabajo o en casa.

Aquí te doy una pista de sus guaridas favoritas y, de paso, algunas ideas para que tu valor profesional vuele más allá de lo que imaginaste:

- **Inmótica y domótica:** Controlar luces que saben cuándo encenderse, gestionar bombas o compresores, abrir puertas de garaje con un simple clic.

  Pura comodidad que facilita la vida.

- **Maquinaria / industria:** Poner en marcha cintas transportadoras, automatizar máquinas de

  embalaje, controlar sistemas de dosificación o la ventilación, hornos, máquinas de frío.

  Pequeñas mejoras con un gran impacto.

- **Sector Agrícola:** Riego automático que protege las cosechas, dispensadores de alimento para animales a su hora.

  La tecnología al servicio de lo esencial.

Como ves, las posibilidades son enormes, tan amplias como tu propia visión. El miniPLC simplifica problemas complejos y te da la llave para hablar el nuevo idioma de la automatización sin romperte la cabeza.

Y, sobre todo, ahorra energía y mejora los procesos.

Tu Misión de Exploración:

Ahora que sabes dónde buscar a este pequeño gran aliado, te lanzo un reto.

Observa tu mundo: En tu trabajo, en casa, en el bar, en la calle. Identifica al menos TRES procesos sencillos que se repitan constantemente o que gestionen variables como la temperatura o el nivel de un líquido.

1. **Imagina la magia:** Para cada uno, pregúntate: ¿Cómo un miniPLC podría hacer esto solo, de forma más fácil o más eficiente?

2. **Anótalo:** No necesitas saber cómo programarlo. Solo visualiza la mejora.

Este ejercicio no solo te abrirá los ojos a un mundo de oportunidades, sino que te mostrará que ese "**IN reptiliano**" del que hablaremos en el Capítulo 3 no es una locura, sino tu instinto más práctico guiándote.

Recuerda: cada vez que veas algo que se mueve, se enciende o responde sin que nadie lo toque, ahí podría estar tu próximo proyecto.

El miniPLC... ya está en el mundo.

¿Y sabes qué falta?

Que tú... lo utilices.

Capítulo 3
¿Cuál es tu IN?.

¿Ya sabes cuál fue tu "IN"?

¿Ese momento exacto cuando algo se encendió dentro de ti?

Quizás fue viendo a un compañero controlar todo desde una pantalla, o sintiendo ese cansancio de la rutina.

Ese instante en que te diste cuenta de que había otra forma de hacer las cosas.

Ahora, vamos a ver qué pasó por dentro, en tu cabeza, con esa claridad que solo aparece en los momentos clave, pensarías:

"Esto me interesa."

"Quiero entenderlo."

"Quiero estar más preparado."

¡Eso no es casualidad!, es tu instinto, el más básico.

Ese cerebro antiguo, el "reptiliano", que no entiende de redes sociales ni de últimas actualizaciones, pero sí de seguridad y bienestar.

Es el que busca estar tranquilo, y, por qué no decirlo, mejor posicionado. El que, definitivamente, no quiere quedarse atrás, viendo cómo otros se llevan las oportunidades interesantes.

A eso le llamamos tu **IN reptiliano**. No es un antojo; es pura necesidad.

Algunos ejemplos de **IN reptiliano** son:

Buscar el desafío.

Lograr tranquilidad laboral.

Demostrarte capaz.

Cumplir un sueño.

Verte como un técnico completo.

Proteger a tu familia (en lo económico y emocional).

Ganar respeto en tu entorno laboral.

Ser más independiente.

Hablar con propiedad con ingenieros y automatistas, aunque no seas tú el que programe.

Saber qué exigir en las instalaciones.

Saber qué ofrecer en las automatizaciones.

La necesidad de no depender siempre de otros para una solución rápida. La de entender de verdad lo que pasa en la instalación. La de poder resolver algo tú solo, sentir esa autonomía que tanto nos gusta. Y sí, la de sentirte más completo, sabiendo que dominas el juego.

¿Y sabes qué?... la mejor parte Eso se puede conseguir.

El **antídoto** para esa sensación de que "esto es demasiado" es la formación correcta. Sí, tenemos la fórmula para ti.

Para ti que andas siempre con poco tiempo, que tienes muchas preguntas, que tus horarios son complejos, o que tu presupuesto es ajustado.

Nuestra formación es práctica, con equipo real y paso a paso. Y lo más importante: está hecha para técnicos como tú.

Este capítulo es simplemente para recordarte que ya estás listo. Esa señal, ese **"IN" reptiliano**, ya se ha activado. Solo falta que tú le des al pulsador, una sola acción, y como en un buen circuito, puede cambiarlo todo.

Pregúntanos: +34 622 67 88 57.

Capítulo 4 Viviendo en un espacio sin tiempo.

“No tengo tiempo...” Así empezó todo.

Una frase que suena elegante, responsable, hasta sabia, pero también es la trampa perfecta para no moverse.

Hasta que un día, alguien —quizá tú— dijo: **“Ya está bien.”**

Y encontró dos horas. O una. O media. Pero las encontró.

Ese fue el primer paso, pequeño en el reloj, gigante en el rumbo.

Porque el tiempo no aparece. **Se elige.**

Y cuando eliges darte ese espacio para mejorar, algo cambia.

Te das cuenta de que no estabas sin tiempo... estabas **sin prioridad.**

Los que ya han dado ese paso lo dicen claro:

"El primer día me costó. El segundo ya estaba enganchado.

Y en una semana, me sentía otra persona."

Y no porque hayan cambiado de vida.

Sino porque empezaron a **tomar el control**.

Aprender a programar un PLC no es solo para sumar conocimientos.

Es para multiplicar tu valor, tu seguridad, tu confianza y tu posición.

A veces no se trata solo de encontrar tiempo, sino de preguntarte:

¿Y si tú fueras la prioridad, al menos una vez?.

Ese día, el día en que hiciste tiempo...**ganaste.**

Y ni tú mismo sabes todo lo que empezó a cambiar desde ahí.

Caso real: Jesús María

Jesús María es instalador electricista en **Guardo**, y tiene una empresa junto con su hermano.

Gente valiente, currantes, con empleados a su cargo y gastos todos los meses.

Tiempo, poco. Presión, mucha.

Pero un día decidió que tenía que hacer algo distinto.

Le echó ganas y apostó por formarse.

En poco tiempo, **transformó su empresa y con ello su vida**.

De hacer instalaciones clásicas en viviendas y locales... a ofrecer soluciones únicas en su zona.

Hoy sus clientes le piden cosas como:

- Ver el nivel de un depósito del pueblo **desde el móvil**.
- Reformar una cantera completa para reducir personal en condiciones duras.
- Automatizar procesos que antes llevaban horas y varios operarios.

Porque: **"Nadie ha nacido para trabajar en condiciones incómodas."**

Hoy Jesús María no solo hace más sino que hace mejor.

Y sobre todo, **decidió no quedarse atrás.**

Tú también puedes

Pensar en grande.

Que también son esos pequeños pasos para llegar.

Capítulo 5
De experto a irrelevante, ese momento en que todo cambia.

Durante mucho tiempo, tu conocimiento ha sido suficiente.

Ya sea desde el mantenimiento o el diseño, sabes lo que haces.

Entiendes los procesos, conoces los componentes y sabes detectar un fallo.

Pero llega un momento —y si estás leyendo esto, quizá ya lo estés viviendo— en el que eso que siempre funcionó, empieza a quedarse corto, por ejemplo, cuando llegan las nuevas máquinas.

El escenario profesional cambió, y ahora te pide algo más.

Confiar solo en lo que siempre has hecho tiene un límite y ese límite, muchas veces, llega sin aviso.

Lo notas cuando empiezan a pedir cosas nuevas...como que comuniques una máquina,

que te entiendas con el programador que utiliza otro lenguaje,

o que puedas hacer ajustes en el programa del PLC.

Y tú, que dominas la mecánica, la electricidad, incluso el diseño, sientes que hay una pieza que falta.

Esa pieza se llama **programación y** no, no se trata de que te conviertas en programador.

Se trata de que entiendas cómo encaja esa parte en el todo.

Porque la programación ya no es “una tarea más”. Es el nuevo lenguaje del sector.

Si te suena, probablemente estés en un momento bisagra.

Y no estás solo, hay un grupo creciente de profesionales técnicos —sin importar su edad — que han decidido dar ese paso:

Te cuento el caso de Alfonso Montilla, aquí te dejo una entrevista que le hice y está en YouTube.

Él pasó en solo un año de ser un empleado de mantenimiento a llevar toda una planta con 10 personas a su cargo, primero como jefe de mantenimiento (en la entrevista tenía ese cargo) y luego como **jefe de planta**.

Además, aprobó una oposición y trabaja para sacar un extra por las tardes. Simplemente aprendió a programar y a **pensar estratégicamente cómo sacarle partido a su conocimiento.**

Si quieres conocer más sobre este caso, te dejo aquí el link de la entrevista y también el código QR.

El próximo caso será el tuyo.

https://www.youtube.com/watch?v=GURf1pNMl0s

https://bit.ly/AlfonsoMontilla

Capítulo 6 por*NO dos palabras que paralizan.

Son dos palabras, aparentemente inofensivas que congelan las decisiones.

por*NO.

¿Sabes a qué me refiero? puede ser que no, pero tiene que ver con esa sensación de pensar que has perdido el tiempo....

- Por no haberte **atrevido a invertir en ti mismo**, negándote tiempo y dinero cuando más lo necesitabas.
- Por **morderte la lengua**, callando lo que pensabas ante a ciertas personas o situaciones.
- Por **ignorar tu propia intuición**, olvidando que tienes mucho que escucharte.
- Por **no haberlo intentado**, dejaste escapar la oportunidad justo en el momento clave, por priorizar otras cosas.

- Por **no querer "molestar"**, mientras para los demás (tu pareja, tus hijos) abres la cartera sin dudar, pero para ti... la cierras.
- Por **no avanzar**, ya que no sabes por dónde empezar y negándote a escuchar a quien sí podía guiarte.
- Por **no creer en ti**, que has logrado verdaderas hazañas con tu empeño y constancia.

"**Por*NO**" suena razonable, ¿verdad? Y por eso cuela.

Es el disfraz elegante que te anima a no moverte.

Y claro, lo dices una vez, otra... y sin darte cuenta, te has montado una historia completa que justifica por qué no hiciste eso que sí querías hacer.

El asunto no es lo que acompaña al "**por* NO**".

Lo que se esconde detrás es... la zona de confort con un poco de polvo, la inercia, o simplemente, la vida que se coló sin pedir permiso.

Y no pasa nada. Lo importante es que te des cuenta.

Quizás los "**por*NO**" no sean destino... pero podrían transformarse en elecciones diferentes, si así lo decides.

Y si hoy eliges otra cosa, aunque sea pequeña, ya estás escribiendo otra historia.

¿Y si esta vez fuera por SÍ?

Capítulo 7
El Detector de Oportunidades.

La rapidez del día a día nos obliga a vivir en piloto automático sin tener en cuenta las oportunidades que aparecen a los lados.

Antes de la pandemia yo era una “simple” profesora de instituto y ama de casa común, y a mucha honra.

Lo que pasa es que la pandemia vino a cambiar las reglas del juego de muchas personas, entre otros, la mía, y yo, lejos de ver un impedimento, decidí tomar las riendas de la situación que tenía y creé una oportunidad donde meses antes no veía más allá de mis narices.

Empecé casi sin darme cuenta, haciendo vídeos para mis alumnos, pero lo cierto es que una vez sales del círculo conocido encuentras una vida mucho más estimulante.

Tú también puedes crear a tu modo tu propio escenario, eso sí, tendrás que hacer cosas diferentes, por ejemplo, practicar ver más allá de lo que estás viendo ahora.

Te pongo algunos ejemplos de dónde podrías comenzar a trabajar en el área de automatización y con proyectos que sean sencillos.

Aquí, las 5+1 ideas para que tu radar de opciones pite sin parar:

1. Domina los jardines.

   Ofrece automatizar riegos en urbanizaciones. La gente tiene más que hacer que regar margaritas. Tú pones la automatización y ellos, el césped que hará llorar a sus vecinos.

   ¡Calma en el jardín, y en tu bolsillo!

2. Haz que te vean con otros ojos

   Muchos instaladores quieren más negocio, pero les falta la pieza de la "automatización por programa".

   Si tú haces la programación, te conviertes en su héroe porque dará un buen servicio a sus clientes.

Él crece y tu nómina también, es el trato del siglo.

3. Ilumina negocios: escaparates / vidrieras que venden.

   Una tienda física compitiendo con Amazon necesita un "¡Guau!".

   Iluminación automatizada que reacciona al sol o a la hora del día puede destacar sobre el resto.

4. Dale poder al móvil

   ¿Unificar el control de luces, calefacción, o la puerta del garaje en una sola app de móvil? Sí, se puede.

   Y eso, amigo, se llama comodidad premium. Tú podrías ser quien la venda.

5. Rescata empresas atrapadas en el tiempo

   Hay industrias y talleres que se quedaron en la Edad de Piedra digital, les da vértigo automatizar. Tú, con un programa, puedes ser su **antídoto**.

Muestra cómo mejorar sus procesos y dejarán de competir solo por precio. Nicho de oro puro.

BONUS: Charlas con café (y oportunidades)

Las asociaciones (de electricistas, de instaladores de climatización...), ayuntamientos, colegios, etc... buscan valor.

Ofrécete a dar una charla gratuita, mostrando el poder de la programación para sus negocios. Más visibilidad para ellos y más clientes para ti. ¡Un win to win!

Este capítulo es para recordarte que las oportunidades no siempre vienen con un lazo. A veces, hay que quitarse la **cerrazón**, poner el radar y estar dispuesto a hacer cosas diferentes.

Si no sabes por dónde empezar, o si crees que no tienes tiempo, recuerda que formarte es la alternativa más inteligente.

Tenemos la formación que se adapta a ti porque no solo hay que saber automatizar, también hay que saber exponer tu trabajo o tu oferta para que le resulte atractiva al posible cliente, y eso también lo enseñamos en la Escuela.

No te quedes en segundo plano (de esto, hablaremos más adelante)

La tranquilidad que buscas está más cerca de lo que crees.

Aquí te he dejado algunos ejemplos, pero se podría ampliar con domótica, inmótica, automatizaciones que den comodidad a personas mayores, personas discapacitadas, etc.

No hay límites en este campo, el único límite es tu propia imaginación.

Aquí te dejo un vídeo de regalo únicamente para los lectores de este libro. Un vídeo donde te muestro los inicios de Automatismos PARA TODOS.

Espero que te guste:
https://bit.ly/regalovídeo

Capítulo 8
Sin nada pendiente.

Tu lista de tareas es infinita, lo sabemos. Pero hoy te invito a mirar más allá de las tareas: hacia tus proyectos de vida.

Sí, hay días que parecen rutinarios. Vas al trabajo, cumples, vuelves. Todo parece en orden, pero por dentro... **algo te susurra que puedes dar más.**

Te dices: "Quiero empezar eso que puede cambiar mi historia."

Quizás aún no tengas claro cómo, pero dentro de ti **ya empezó el movimiento.** Y eso basta para dar el primer paso.

Recuerda esto: tu tiempo no se encuentra, se elige. Si otros llenan tu agenda, es porque tú abriste esa puerta. Sí, hay momentos de más carga, pero el verdadero desafío es cómo priorizas lo que realmente importa.

Porque también es cierto que:

- **Sí puedes formarte en lo que te impulsa de verdad.**
- Sí puedes dejar atrás lo que ya no suma.
- **Sí puedes tomar decisiones valientes.**

No todos lo hacen. Pero tú no eres todos.

Si todo sigue su curso... seguirá igual. Pero tú no naciste para estancarte. **Naciste para avanzar con intención.**

Este capítulo es solo un recordatorio de tu poder:

Que no te quede nada por vivir.

Nadie sabe cuándo será ese "ya está" definitivo. Pero si llegara mañana, ¿qué querrías haber hecho?

Mira hacia atrás con cariño:

- ¿De qué te sientes más orgulloso?
- ¿Y qué aún espera su turno?

La respuesta está en ti. Y **hoy es un gran día para empezar.**

A veces lo pendiente no es una gran meta. Es una pequeña acción con significado:

- Comprar esa bici para esa niña especial.
- Hacer ese viaje que soñaron juntos.
- **Decirle algo importante a quien lo necesita.**
- Aprender eso que siempre quisiste comprender.

Y si te animas, hasta puedes tachar esos "pendientes legendarios" que siempre contaste entre risas:

- Jugar más al tute, mus o truco.

- Viajar con menos excusas.
- **Contarle a ese viejo amigo lo mucho que marcó tu camino, aunque hayan pasado años sin hablar.**

Este libro es eso: **un empujón suave que celebra tu impulso.** Un antídoto contra la deuda emocional y la espera interminable.

No se trata de hacerlo todo.

Se trata de hacer lo esencial.

Y si puedes hacerlo con alegría, aún mejor.

Como apunte comentarte que La técnica no tiene fecha de caducidad. Nikola Tesla patentaba inventos con más de 50 años. Granville Woods, electricista, revolúcionó los sistemas de seguridad ferroviaria después de los 45. Y hasta Hedy Lamarr, más recordada como actriz, patentó la base del WiFi a los 44.

La innovación no es un asunto de jóvenes prodigio: es de quienes no se rinden a cualquier edad.

Capítulo 9
Avanza. Y luego, si eso, pides perdón.

Hay quien necesita la aprobación del jefe.

Otros, la del socio.

Algunos, la de su mujer.

Y los más exigentes… la de todos al mismo tiempo.

Eso sí: si nadie les dice “vale, hazlo”, ellos no se mueven.

¿Y sabes qué tienen en común todos esos permisos?

Que no llegan.

La mayoría de las veces, nadie da permiso para que mejores tu vida… pero tal vez no lo necesites.

Ni en casa.

Ni en la empresa.

Ni en la sociedad.

Por suerte, tuvimos algunos locos antes que nosotros y sus anécdotas han sido registradas.

Ninguno de ellos pidió permiso y la humanidad entera se beneficia de sus logros.

Mira a Edison, por ejemplo.

El tipo hizo más de **mil intentos** antes de que una bombilla funcionara. Si lo hubiera comentado esperando aprobación le habrían dicho: "Tú déjalo, chaval. Ponte a hacer algo útil".

Pero él no, él seguía y ¿Sabes por qué?

Porque estaba convencido, su espíritu no tenía freno.

Y no solo **Edison**. Tesla tenía una conexión especial con los animales, en especial... escucha bien... con las palomas.

Newton veía manzanas y descubría leyes universales.

Marie Curie manipulaba sustancias radiactivas a pelo (ok, eso no fue tan buena idea).

Ninguno de ellos estaba esperando que su entorno comprendiera lo que hacían.

Lo hacían.

Se equivocaban y volvían a intentarlo.

¿Y tú? ¿Qué rareza tienes?

¿Amas a las palomas?

¿Todo lo que ves tiene una conexión superior?

¿No ves el peligro?

Seguramente ninguna de esas, pero es posible que en algún momento hayas dudado de tu capacidad para subir de nivel profesional.

Y eso también es una rareza: la de no darte cuenta de que sí puedes.

No necesitas ser un genio, ni tener un laboratorio, ni que te caiga una manzana en la cabeza.

Lo que necesitas es una decisión. Una convicción.

Y no me vengas con el "yo estoy bien como estoy".

Esa frase es el equivalente emocional a ponerse el pijama a las seis de la tarde.

Muy cómodo, sí. Pero poco digno de quien quiere avanzar.

Ya sabemos que nuestra mente es perezosa y siempre va a tratar de protegernos de todo peligro.

¿Y qué considera peligroso? Pues lo desconocido, el cambio, el qué dirán.

Pero... ¿qué es más peligroso?

¿Avanzar aunque te tiemblen las piernas? ¿o quedarte donde estás hasta que se te duerma el alma?

La próxima vez que sientas esa duda, recuerda: **los grandes avances no nacen del consenso**.

Nacen de la convicción.

Capítulo 10
Todo bajo control.

¿Quieres jugar en primera? ¿Ser de los que marcan la diferencia en tu equipo, sea cual sea? Pues, como en cualquier disciplina de élite, para eso hay que entrenar. Y la buena noticia es que el campo ya está listo y aquí tendrás el mejor entrenamiento. ¡Si tú eres de los nuestros y entrenas podrás entrar en el equipo!

Quizás no lo sabes, pero ya tienes la chispa. Esa curiosidad, esas ganas de entenderlo todo a fondo es tu "IN reptiliano" (del que hablamos en el capítulo 3) pidiéndote más control y menos dependencia. Te ayudaremos a encender ese fuego y a usarlo para dominar el juego.

Los deportistas de élite tienen fecha de caducidad, los profesionales que no se forman, también. **No** pretendes que tu carrera se quede en el banquillo, ¿verdad? Es hora de saltar al campo y demostrar lo que vales.

Una de las jugadas maestras para esto es usar un **controlador** en tus instalaciones. ¿Ventajas? ¡Aquí van!

Para ti, el profesional (el que diseña, monta o mantiene la magia):

- **Todo en uno, ¡adiós a los elementos auxiliares!**: Imagina tener en un solo aparato lo que antes eran mil cacharros. Olvídate de los montones de relés y temporizadores. Con un controlador, tienes contadores, relojes astronómicos (¡sí, los que saben cuándo sale y se pone el sol!), relojes semanales, mensuales, anuales... todo integrado. Esto es como pasar de llevar una mochila llena de herramientas a tener una navaja suiza.
- **Control total desde tu bolsillo**: Puedes manejar señales de todo tipo, mandar correos si algo falla, ver y controlar la instalación desde el móvil. ¡Adiós a los viajes innecesarios y a los sustos de madrugada! Te da una autonomía que antes solo soñabas.

- **Información es poder (y menos quebraderos de cabeza)**: El controlador registra datos. Esto es oro puro para saber qué pasa, cuándo y cómo. Te ayuda a hacer las instalaciones más eficientes y, lo mejor, a saber dónde está el problema antes de que te llamen. Es el **antídoto liviano** contra el caos y la complejidad, simplifica tu trabajo.
- **Adiós a ser "irrelevante"**: ¿Recuerdas el Capítulo 5, "De experto a irrelevante"? Pues esto es justo lo que te mantiene en la cima. Te permite comunicarte con máquinas actuales, entender otros lenguajes de programación y hacer ajustes sin depender de nadie.

Para el que se beneficia de tu magia:

- **Instalaciones más modernas y fiables**: será un sistema más limpio, organizado y con un aspecto profesional impecable (como hablamos en el Capítulo 1).
- **Comodidad y ahorro**: Poder controlar todo desde el móvil, tener avisos de emergencia, o que

el riego se active solo según el clima, son comodidades que ahorran tiempo y dinero a largo plazo.

Y lo mejor de todo, **En 6-8 meses, puedes dominar esto.** Imagina: en medio año, tendrás el control total, entenderás cada detalle de tus instalaciones y no dependerás de nadie para resolver problemas. Serás ese experto que no solo arregla, sino que *entiende* y *mejora*. Se acabó la sensación de estar "picando de todo y de nada", ahora tendrás una estrategia clara.

Nunca es tarde para empezar. Y si algo en ti ya se mueve, quizás este sea un buen momento para dar el primer paso.

Todas estas ventajas que has visto aquí y muchas más existen con esta tecnología, aunque he de darte un aviso, también hay desventajas. El cliente está supeditado a ti porque no cualquiera puede intervenir en una instalación programada.

Está en ti proporcionarle o no toda la documentación del proyecto al terminar.

Y por otro lado, te recomiendo que hagas una relación entre las ventajas más importantes según el tipo de persona que sea tu cliente, te recomendaría para esto, estudiar algo de eneagramas (tipos de personalidades), te ayudará a perfilar mejor tu mensaje.

Este tipo de conocimiento también lo aprendemos en la Escuela.

Capítulo 11
Quién dijo que no fui yo, el liderazgo se gana en el campo.

Recuerdo aquellos tiempos, no hace tanto, cuando paseabas por la calle y veías carteles invisibles, pero muy reales:

"Ingeniero en venta, no sabe programar." O "Electricista bueno, sí, pero barato, porque no sabe programación."

Un auténtico golpe bajo.

Aquello me preocupó y mucho, no quería - ni podía - quedarme atrás. **Saber te abre la puerta, sobresalir te la mantiene abierta.**

Hoy, no hay duda: soy yo quien lidera el equipo. Aunque de vez en cuando aparezca alguien queriendo apuntarse el tanto.

Y menos mal que tomé las riendas. Porque si no lo hubiera hecho, ahora mismo:

- Estaría exactamente en el mismo lugar que hace cinco años (con la misma categoría profesional).
- No podría negociar mis vacaciones con la seguridad de hoy día.
- No tendría un extra cada mes asesorando a otros profesionales que, por cierto, están justo donde yo estaba.
- No habría aprendido a pensar en grande. Porque cuando te formas, no solo crece tu conocimiento: crece tu ambición sana.

Así que sí, bienvenidos sean los sustos.

Porque cada susto me llevó a moverme.

A buscar el siguiente nivel. Y a entender que los que se sientan a esperar permisos, normalmente ven el partido desde la grada.

Si intuyes que puedes liderar más allá del ruido, quizás lo que falte no sea capacidad, sino herramientas nuevas.

Saber cómo se automatiza un proceso, cómo se optimiza una instalación y cómo se justifica un presupuesto con datos reales.

Y eso, no se improvisa.

Se entrena, con formación real y con aplicaciones que puedas usar desde el primer día.

Me formé en Automatismos PARA TODOS con clases en directo y clases grabadas y con equipos reales.

Puedes ver fragmentos de clases en el canal de YouTube con el mismo nombre: **Automatismos PARA TODOS**.

Si entras, suscríbete y te llegarán todas las actualizaciones.

Te dejo aquí el enlace:

https://www.youtube.com/@automatismosparatodos

Capítulo 12
Si vas a tener una implosión... que sea esta.

Hay gente que no necesita currículum.

Te lo recitan.

"Yo estuve en una fábrica en el 97..."

"Hice un proyecto con 18 maniobras y sin un fallo..."

"Yo, cuando todo esto era campo, ya programaba en binario puro..."

Y tú ahí, aguantando el monólogo como si estuvieras en un museo.

¿Sabes cuál es el problema de vivir contando batallitas?

Que mientras hablas del pasado, el presente avanza... sin ti.

No importa cuánto hiciste antes, o cuán bien te fue. Si hoy no hay algo nuevo en marcha, tu historia podría necesitar una nueva página.

Sí, suena duro. Pero más duro es quedarte fuera por no actualizarte.

No se vive del "yo fui". Ni del "yo arreglé eso una vez".

Se vive del "esto es lo que estoy haciendo ahora".

De las ideas que mueven hoy. De los proyectos que no te dejan dormir de la emoción (o del susto, que también vale).

Vivir del pasado es como llevar un The End tatuado en la frente.

Y mucho peor es tatuártelo tú mismo.

Los que avanzan no niegan su historia. Pero no se estancan en ella.

Siguen aprendiendo cosas nuevas, metiéndose en problemas (de esos que dan gusto resolver).

Porque si no tienes algo nuevo que contar... puede que ya no estés jugando.

Y por cierto, esa frase que dice:

"El que nace para pito no llega a corneta"...

Cuánto daño nos han hecho esos refranes. Frases de derrota que se cuelan como sabiduría popular... y te convencen de quedarte en tu rincón.

Pero tú no estás leyendo esto para quedarte en el rincón.

Estás aquí para reescribir tu historia.

Y no con nostalgia... sino con decisiones nuevas.

Y si vas a tener una implosión... que sea esta: la de seguir creciendo aunque los demás ya se den por acabados.

Capítulo 13 Tu Laboratorio Casero: Aprende practicando en Serio.

"Es que yo necesito tocar las cosas para entenderlas." Si has dicho esa frase alguna vez, este capítulo es perfecto para ti que no aprendes con teorías.

La Maqueta: Tu Campo de Entrenamiento Personal

La mayor parte de mis alumnos se montan una pequeña maqueta para practicar, esa maqueta es tu propio laboratorio casero donde puedes cometer errores sin problemas, probar una idea que se te ocurre y sobre todo, entender realmente qué pasa cuando conectas esto con aquello.

Empezar por lo Básico (Sin Vergüenza)

Puedes comenzar con un simple controlador y de esa forma descubrir todo el potencial de ese pequeño módulo que "parece poca cosa pero no lo es".

- **Primer nivel**: Un controlador, unos pulsadores, unas luces.
- **Segundo nivel**: Añades sensores, quizás un pequeño motor.
- **Nivel experto**: Comunicación, pantallas, control remoto desde el móvil.

O nada de todo esto, con un simple LOGO! De Siemens y el simulador CADe_SIMU puedes programar en LOGOSoft Comfort y simular en

CADe_SIMU toda una instalación y ver cómo se mueve gracias a tu programación; sin necesidad de componentes físicos salvo el LOGO!, una maravilla.

Verás cómo motores, cilindros, ventosas pilotos etc. funcionan sin tenerlos físicamente, los verás en la pantalla del CADe_SIMU.

El Mito de "Solo si es Presencial aprendo"

La verdad es que, con una buena formación online y algo de equipamiento para practicar, es más que suficiente.

El aprendizaje real pasa cuando estás solo, intentando que una bomba se encienda cuando debe. Tu maqueta casera es donde se cuece el conocimiento de verdad. Donde no hay prisa, donde puedes repetir hasta entender y donde puedes experimentar a tu manera.

El coste de una maqueta bien vale el ahorro de tiempo tanto en desplazamientos como en esperas.

Las Ventajas de Tu Laboratorio Personal

- **Horario flexible**: Tu maqueta está disponible 24/7.
- **Sin público**: Nadie te va a ver si conectas el cable equivocado.
- **Evolución gradual**: Puedes invertir media hora hoy, una mañana. Tu maqueta te espera sin quejarse.
- **Experimentación libre**: En una instalación real, experimentar puede salir caro. En tu casa, solo sale divertido.

No Es Solo una Maqueta, Es Tu Ventaja Competitiva

Cuando empiezas a tocar, algo hace "clic" en tu cerebro. Entiendes cosas que en los libros parecían complicadas. Y luego, en una instalación real, piensas: "Esto es como en mi maqueta, pero más grande". La confianza que da eso no tiene precio.

Mientras otros técnicos esperan a que "les enseñen", tú ya estás practicando. Mientras ellos dicen "es que nunca he tocado uno de esos", tú ya llevas meses jugando con ello. No esperes a que alguien te monte un laboratorio. Móntalo tú.

Tu Próximo Paso

Si después de leer esto sigues pensando "ya veré si me monto algo", la pregunta no es si puedes permitirte montarte un laboratorio casero. La pregunta es si puedes permitirte no tenerlo.

Capítulo 14 Desmitificando el PLC: Lo tienes en tus manos.

Te mueves con mucha más soltura, con más confianza.

Has hecho pruebas con equipo real y ves que, en cada paso, desmitificas el PLC, le bajas al nivel que siempre debería haber tenido.

Lo que antes parecía lejano, casi intocable... ahora lo tienes en tus manos y eso no es poca cosa.

Has pasado de ver programas con miedo a explorarlos con curiosidad y enviarlos al miniPLC.

De pensar "esto es complicado" a decir "esto lo entiendo, lo he probado".

Y, lo más importante: has comenzado a ver el PLC no como un reto inalcanzable, sino como una herramienta más en tu caja de soluciones.

Este capítulo es un recordatorio: ya no estás en la fase de imaginar. Estás en la fase de hacer.

Y lo estás haciendo bien.

Ahora, a por más.

Muestra lo que sabes hacer en facebook,

En instagram o la red social que utilices,

Incluso el estado de WhatsApp o de Telegram son lugares que se curiosean y puedes mostrar tus avances.

Investiga cómo difundir tu presencia digital.

Este libro que estás leyendo ahora lo has encontrado de forma digital, no te niegues a hacer tú lo mismo con tus productos, con tus servicios....

Si piensas que tú no harías algo así, déjame decirte que tus facturas no las paga tu EGO.

Y una cosa más, no te olvides que no eres un influencer, no buscas likes ni palmaditas en la espalda.

Explica qué solución ofreces, cuáles son tus condiciones, cómo son tus resultados, y no te olvides, indica tu habitual horquilla de precios.

Capítulo 15
El Fluir del Éxito...

Sin lamentos

Dicen que el río siempre sigue su camino. Pero lo inteligente no es nadar contra él, sino dejarse llevar con los ojos bien abiertos.

Yo me dejé llevar por un río con mucha corriente. No luché. Solo observé. Y, ¿sabes qué? Me llevó justo donde quería estar.

Así se doman los problemas de la vida: sin pelear a ciegas, aprendiendo a bailar con lo que venga. ¿La vida te pone una película de terror? Pues saca las palomitas y disfrútala; porque hasta en lo malo, hay algo que aprender.

Hubo un tiempo en que la comodidad me frenaba. Tenía toda la información y el conocimiento, pero el miedo a lo nuevo, a salir de mi zona cómoda, me impedía meterme en el río del aprendizaje. Me quedé en la orilla, viendo cómo la vida y la información pasaban de largo. Pero lamentar "no haberlo hecho" pesa mucho más que la duda de intentar algo nuevo. Es la diferencia entre la carga del lamento y la sensación **liviana** de atreverse.

El río de la vida siempre trae y lleva. Tu futuro dependerá de la decisión que tomes hoy.

¿Te quedarás aquí, lamentándote, pensando en el "qué dirán" o con falta de confianza? ¿O te atreverás a cruzar, con la esperanza y la seguridad de que puedes lograrlo? Es hora de dejar de perder oportunidades.

Cometer el error de "me gusta estudiar" sin un plan claro es como construir castillos de arena. Se ven bonitos, pero se caen con el viento.

Aprender sin aplicar no sirve de nada, porque con el tiempo lo olvidas y pierdes años.

Picotear de todo un poco sin un objetivo claro solo te deja con las manos vacías. Y sí, es verdad: quedarse quieto es quedarse atrás.

El éxito no es solo tener muchos títulos o experiencia. Es saber adaptarte, aprender con un propósito y usar ese conocimiento para cambiar tu vida.

Es entender que cada río revuelto es una invitación a la aventura, una oportunidad para crecer y ser la persona fuerte que siempre quisiste ser.

La decisión te espera, la esperanza te anima.

Es tu momento de fluir, aprender y conquistar.

Es el **antídoto** contra la inmovilidad, el empujón **liviano** que te libera.

Capítulo 16 Los Inconformistas que Cruzaron el Río.

En un mundo lleno de gente que se conforma con lo que hay, siempre hay un grupo que se niega a vivir contando batallitas.

Un grupo que, a pesar de los años, del cansancio o de las excusas, decide que el lamento no es el mejor plan de jubilación. Hablo de gente como Alfonso, Jesús María, José Miguel, Daniel, Luis, Héctor, José Manuel, Antonio, José y muchos otros que tienen más en común que sus nombres.

Su secreto no fue una fórmula mágica o un golpe de suerte. Fue una combinación de factores que, juntos, se convirtieron en un motor imparable.

Primero, confiaron en ellos mismos. No esperaron a que nadie les diera permiso, se lanzaron a explorar un territorio nuevo, a pesar de lo que dijeran los carteles invisibles de "ya es tarde".

Segundo, establecieron una estrategia. Entendieron que el tiempo es hoy, se formaron para ahorrar tiempo a largo plazo, para que sus días no fuesen como la carrera de la rata. No importaba si eran ingenieros de cuna o técnicos que habían tocado de todo; todos empezaron por la base, desmitificando el controlador y bajándolo al nivel que siempre debió tener.

Tercero, pusieron en práctica lo aprendido al instante. No se quedaron esperando a tener "todas las cartas en la mano" para empezar a jugar. Sabían que el aprendizaje real ocurre en el campo. Por eso buscaron la rentabilidad de su conocimiento desde el minuto uno, aplicándolo a problemas reales.

Cuarto, no se desanimaron. No creyeron que eran mayores, ni que ya era tarde (aunque la mayoría están más cerca de los 50 que de los 40). Tampoco se rindieron a la primera, ni a la segunda. Vieron los errores como una parte del proceso.

Y esto es lo que los separa de los demás. Mientras otros se sientan a esperar que algo cambie, ellos son el cambio. En lugar de culpar al mercado, se adaptaron. Su conocimiento se convirtió en una ventaja competitiva, un **antídoto liviano** contra la inmovilidad.

¿Y tú? ¿Estarás en esta lista?

Capítulo 17 Confundir humildad con ocupar tu lugar.

Durante años te han enseñado —quizás sin palabras— que ser humilde es no destacar.

No hacer ruido.

No llamar la atención.

Hacer tu trabajo y punto.

Que el reconocimiento, si llega, ya llegará.

Y tú, que tienes una mente técnica, que valoras el orden, la precisión, la lógica... probablemente lo has aplicado también a tu forma de estar en el mundo. Has preferido hablar poco, dejar que otros hablen y tú sigues aprendiendo.

Pero eso no es así, has confundido ser humilde con esconderte y ocupar tu lugar con presumir.

Y esa confusión —tan bien vista, tan aplaudida a veces— tiene un coste.

Te hace invisible, y mientras estás pensando que es cuestión de tiempo que se valore tu implicación, pero los reconocimientos, las oportunidades y las mejores condiciones no llegan.

No porque no lo merezcas.

Es que no te has hecho ver. No has ocupado tu lugar.

Es decir, ser humilde es una opción que tiene sus consecuencias, tanto a nivel profesional como a nivel familiar.

No hace falta sobresalir a codazos, ni presumir como un gallo... pero sí dejar de agachar la cabeza cuando tienes mucho que aportar, insisto, dentro y fuera de casa.

Ser humilde tiene consecuencias. Y no siempre son buenas.

La humildad es admirable. Pero como todo en exceso, puede volverse en tu contra.

Cuando no te haces visible —ni siquiera un poco— lo que ocurre es sencillo: **los demás te pasan por encima sin querer o sin notarlo**. Y no porque valgan más.

Sino porque tú decidiste **no estar en la conversación**.

¿Es justo? No.

¿Es real? Sí.

¿Puedes cambiarlo? También.

No hace falta inflarse como si fueras un condensador cargado a tope, ni empezar cada frase con "yo", ni dar charlas técnicas a quien no las pidió. Se trata de algo más sutil pero poderoso:

Dejar claro que estás, que sabes y que puedes aportar.

Porque si tú no lo dices, **nadie lo va a suponer**.

Y si tú no lo ocupas, otro va a ocupar tu lugar.

Algunos lo llaman visibilidad.

Yo lo llamo lógica profesional.

Igual que en el esquema de un automatismo, cada componente tiene que estar claramente identificado para que el sistema funcione, tú también necesitas **hacerte notar en el diagrama profesional en el que estás**.

Así que no, no confundas los términos

Ser humilde es una virtud.

Pero si no va acompañada de presencia, de expresión y de cierta iniciativa, puede convertirse en **un freno más que en una fortaleza.**

Ocupas espacio. Y está bien que así sea.

Y si durante años te dijeron lo contrario, este libro viene a cambiar eso.

Porque el profesional que se hace valer no es el que grita más...

es el que ya no se esconde.

Capítulo 18
Ladran Sancho.

Cambiar las reglas del juego suena muy valiente desde fuera.

Pero cuando te toca hacerlo a ti...

la cosa cambia.

Y ya no es teoría.

Ya no es “algún día”.

Es ahora.

Porque no es lo mismo tener una idea rondando en la cabeza, que ponerla en marcha.

No es lo mismo decir “me gustaría trabajar para mí” que enviar el primer presupuesto.

No es lo mismo soñar con ofrecer algo nuevo en tu empresa que explicárselo al cliente... y que te mire raro.

Ahí es donde empiezan los nervios, las dudas, las noches con mil dudas en tu cabeza.

Y ahí es donde necesitas algo más que conocimientos técnicos.

Necesitas mentalidad. Y de la buena.

Mentalidad para:

- Que no se te hunda el mundo si tus primeros intentos no funcionan.
- Que no necesites el aplauso nadie para hacer lo que sabes que tienes que hacer.
- Que aguantes las miradas raras, las bromas flojas, los silencios incómodos.

- Que no confundas "no ver resultados inmediatos" con "esto no sirve".

Porque si esperas empezar algo nuevo y que todo salga bien desde el minuto uno...

siento decirte que eso no pasa ni en las películas de superhéroes.

Y atención: aquí viene la parte que más duele.

El talento sin mentalidad no sirve de nada.

¿Te suena alguien llamado Nikola Tesla?

Inventó cosas que hoy usamos todos los días, pero murió solo, arruinado, y alimentando palomas (literal).

¿Y Van Gogh? Pintó más de 900 cuadros, vendió uno solo, y pasó la vida dudando de sí mismo... con la oreja en la mano, dicho sea de paso.

¿Y tú? ¿Tienes talento... y dudas?

No basta con saber mucho.

Hay que saber sostenerse.

Mental y emocionalmente.

Y sobre todo, hay que encontrar el **motivo** que te haga seguir cuando no hay ni palmaditas, ni resultados.

Ese motivo puede ser muy simple: Demostrarte a ti mismo que puedes.

Y eso... vale más que todos los aplausos del mundo.

Así que ya sabes:

cuando empieces algo nuevo y escuches ladridos... no pares.

Que eso significa que estás saliendo del camino de siempre.

Y como decía Don Quijote —o al menos le atribuimos la frase—:

"Ladran, Sancho... señal de que cabalgamos." Autor de la frase: Rubén Darío, poeta nicaragüense.

Capítulo 19
Tu Nuevo Currículum no es de Papel.

Vivimos en un mundo donde todo es urgente pero nada es importante.

Por eso, aparecer con una maqueta bien pensada, transportable, que simule el control de una bomba, un sistema de riego, o una compuerta que se abre cuando el nivel alcanza cierto umbral… no es un proyecto al azar, es una forma de vencer la invisibilidad

Y no solo sirve para los que buscan trabajo.

También para los que, **están tanteando a su jefe** para optar a una oportunidad laboral mejor. (No te la va a dar… si ni tú mismo te la das primero).

No hace falta que salgas por la calle con la maqueta bajo el brazo como si fueras un vendedor de aspiradoras, pero sí hace falta que tengas algo que muestre tu progreso **sin que tengas que hablar tanto**.

Una maqueta pequeña, funcional, fácil de montar y de explicar, no necesita luces de feria ni una pantalla de cine, solo necesita una idea clara: **esto lo hice yo, y así lo resolví**.

Tenerla en casa marca la diferencia.

Ese pequeño detalle que separa a los que sienten curiosidad, de los que realmente **quieren avanzar**.

No hace falta un cuadro eléctrico de tres metros.

Con un simple controlador ya puedes empezar.

Y cuando lo tienes cerca —tan cerca que puedes practicar en zapatillas de estar en casa— empieza a pasar algo curioso:

- Te motivas más.
- Ensayas a cualquier hora.
- Y lo más importante: ver que hace lo que tú le programas te da una seguridad que no cabe en ningún curriculum.

¿Quieres avanzar más rápido que los demás?

Empieza tú. En casa. A tu ritmo.

No por deber...

por gusto.

Podrás practicar 24/7.

¿Te animas a llevar tu nuevo currículum bajo el brazo?

Quizá no tenga papel... pero te aseguro que va a decir de ti más que cualquier folio en Arial 10.

Capítulo 20
La Satisfacción de la Autonomía.

Esto viene de muy atrás. No se nos enseña a ser emprendedores desde la cuna; es más, se nos enseña justo lo contrario.

A nuestros padres les tocó sacarlo todo adelante con negocios que les llevaban mucho tiempo y, a veces, les daban poco a cambio.

Luego, a los de nuestra generación, nos tocó escuchar esta cantinela: **"estudia, ten una carrera y colócate pronto"**, o mejor aún, **"saca una oposición y trabaja para el estado".** Yo misma, lo confieso, hice justo eso: estudié mi carrera y llevo trabajando para el estado desde el año 2000.

Pero hay algo que ese camino no te da por sí solo.

Es lo que te aporta emprender, aunque sea una pequeña actividad nueva en paralelo. Te da una autonomía que no se puede comprar.

- **Mayor autonomía económica**: Porque no dependes de una sola fuente de ingresos. Es el comienzo de la verdadera libertad financiera, la que te da margen para elegir.
- **Mayor autonomía técnica**: Siempre que te propones dar vida automatizada a una instalación alcanzas un mayor conocimiento en menos tiempo. No es lo mismo hacer programas como ejemplo que automatizar algo real.

Y aquí viene el punto clave. Si no te expones a esta situación, no avanzas igual. Si alguna vez te has enfrentado a un examen, habrás visto que en un solo rato avanzas mucho más que en largas horas de estudio. Tu mente se agudiza para dar una solución rápida a un problema. Esa misma sensación de urgencia y foco es la que te empuja a crecer. Emprender te pone constantemente en modo examen.

El **antídoto efectivo** es reconocer que esa autonomía y control sobre tu destino profesional ya están a tu alcance. Solo necesitas dar el primer paso para activar todo el proceso. Y a alguien que te acompañe.

Ese alguien puedo ser yo con alguno de mis programas. En particular te recomiendo **Método LOGO 360**, un programa en el que además de enseñarte programación, te enseño a emprender, en tus propios términos.

Esto lo logras con clases en directo y con clases paso a paso grabadas. Por un lado adquieres confianza técnica y por el otro empiezas a darte visibilidad y a posicionarte de una forma rápida en tu sector.

Y créeme, tú, para conocerme a mí y resultarte familiar has tenido que verme en vídeos, en clases, leer mis mensajes etc.

¿Por qué piensas que si alguien va a contratarte o va a ofrecerte un buen trabajo va a ser diferente? también querrá tener una mínima información sobre ti curioseando internet.

Bueno, esto sí que es... otro tema.

Capítulo 21 El Almirante con su sede en Tierra de Campos.

Hubo una vez un Almirante que tenía su sede en Medina de Rioseco, España, en un lugar llamado Tierra de Campos, lejos de la costa y de los barcos.

Tomaba decisiones sobre flotas y rutas comerciales, dirigía operaciones militares navales... y lo hacía desde un despacho en el interior, en el corazón de una gran meseta.

Fue Fadrique II Enríquez y murió en 1538; si sabes algo de historia de España, te darás cuenta de que tener el poder de decisión en las flotas navales en ese momento era algo muy importante.

Hay dos factores de esta historia que quiero resaltar, uno de ellos es pensar que tienes que intercambiar tiempo por dinero.

Enríquez, desde su casa, cobraba las rentas por las mercancías que llegaban a puerto, se movían y se vendían. No cobraba por estar en el barco, sino por haber diseñado un sistema y tener la autoridad para mantenerlo funcionando.

En pleno 1500, ya había gente que entendía **lo que hoy llamamos escalar**: dejar de vender tu tiempo a cambio de dinero y empezar a construir estructuras que funcionen sin ti.

Lo que me fascina no es solo su poder, sino **su visión estratégica.**

Además, me sirve el ejemplo de este almirante para hablarte de otro factor y es el factor dinero.

Enríquez quería construir una iglesia justo enfrente de su casa, pero no una iglesia cualquiera sino casi un palacio.

En **1492** comenzaron las obras, y en **1520** ya estaba consagrada.

¿Te imaginas lo que significa eso?

Estamos hablando de una obra de escala monumental terminada en apenas 28 años, ¿cómo crees que estaban trabajando allí?

Ya te lo digo yo: un ritmo de construcción frenético para la época.

Y eso pudo ser por dos cosas, primero porque tenía una **sana obsesión** con ver su sueño hecho realidad y segundo porque encontró el dinero para hacerlo.

Y eso nos pasa a todos: Cuando tienes un objetivo claro, encuentras la forma de conseguir el dinero para lograrlo.

No necesitas tenerlo todo resuelto al principio.

Lo que necesitas es algo que te importe lo suficiente como para mover el mundo si hace falta.

¿Y tú? te has visto reflejado en esta persona en algún campo de tu vida?

Me gustará mucho escucharte.

Capítulo 22
La Diferencia entre Arreglar y Mejorar, Mejorar.

Mejorar no es solo que todo funcione. Es que funcione mejor, más rápido, con menos lío y menos dudas existenciales al abrir el armario eléctrico.

Cuando eliges usar un controlador, no estás simplemente modernizando tu instalación: estás activando una cadena de ventajas silenciosas que trabajan para ti mientras tú duermes (o al menos mientras estás descansando).

Por ejemplo:

- Puedes **replicar instalaciones anteriores** sin tener que recordar aquel croquis que hiciste en una servilleta en 2018.
- Si algo falla, el sistema puede avisarte antes de que el cliente te llame.
- Puedes **ver datos reales**: cuántas veces se activó el sistema, cuánto

duró un ciclo, o si alguien ha estado jugando con el pulsador como si fuera un videojuego.

- ¿Y si mañana el cliente pide un cambio? No hay que recablear: **una pequeña modificación en el programa... y voilà**.
- ¿Seguridad? Puedes **limitar acciones, crear condiciones, prevenir errores humanos** (de esos que luego niegas haber cometido).
- Y si tienes más de un proyecto similar, puedes crear tu propio **estándar**, ese que solo tú entiendes, pero que luego se convierte en tu marca registrada.
- **Sistemas que crecen contigo:** Puedes empezar con una solución básica para un cliente y, cuando quiera más, simplemente añades una función al programa o un módulo extra al controlador. No hay necesidad de empezar de cero; el sistema escala contigo y con las necesidades del cliente.
- **Todo conectado, todo a tu favor:** Tu instalación ya no está sola.

Ahora puede hablar con otros dispositivos, con la gestión energética... se convierte en una parte clave de un ecosistema más grande. Y tú, por supuesto, en el cerebro detrás de la operación.

- **Ahorro de tiempo en mantenimiento:** Los controladores actuales permiten que las instalaciones sean más fiables. Pero, además, pueden generar avisos de emergencia, lo que significa que puedes descubrir los problemas mucho más rápido. No solo te ahorras la incertidumbre de no saber qué falla, sino que reduces el tiempo en las intervenciones, ya que el diagnóstico ya está hecho.

Y sí, también está la otra parte: **la percepción del cliente**. Ese momento en el que él dice:

—"Ah, pero esto ya lo tenías pensado, ¿no?"

Y tú solo asientes, como si fuera lo más normal del mundo.

En *Automatismos para todos pensamos que* arreglar te hace sobrevivir. Mejorar te hace avanzar.

Y si te da vértigo eso de “mejorar”, no te preocupes.

Estás en buena compañía.

Solo te ofrecemos un camino y un empujón suave para que, cuando llegue el momento... **te atrevas a hacer mejor lo que antes hacías como podías.**

Capítulo 23
La llegada.

Una vez hayas terminado tu primer proyecto con lógica programada,

¿Cómo te sentirás?,

¿Qué pensarás?,

¿Cómo actuarás?

¿Qué verás?

¿Cómo hablarás con otros profesionales?

¿Este primer proyecto te permitirá avanzar con soltura en tu trayectoria profesional?

¿Te dará la confianza en ti que quizás ahora te falta?

Me gustaría hablarte aquí de uno de mis alumnos José Manuel, instalador. Hasta que no aprendió a programar, él utilizaba cuadros inmensos en sus instalaciones en hoteles de lujo.

Utilizar la programación le hizo reducir los componentes, dar un mejor servicio al cliente y trabajar muchísimo menos. Problema: no encuentra compañeros de trabajo que puedan ayudarle, no es un simple cableado, es un paso más.

Dominar la instalación programada puede marcarte un hito profesional que te permita crecer y vivir más tranquilo.

¿Y tú?

¿Qué estrategia estás siguiendo para trazar un futuro más asegurado?

En el cual no tengas que intercambiar necesariamente tiempo por dinero.

Y pueda confiar un cliente en ti aunque sea la primera vez que hablas con él de tú a tú.

¿Qué estás haciendo para no tener que estar todo el tiempo "luchando"?

Cómo crees que cambiaría tu día a día y tu enfoque profesional si incoporaras esta tecnología en tus habilidades.

¿Te gustaría?

Si quieres hacerlo acompañado, tenemos sesiones en directo todas las semanas martes y jueves a las 19.00 horas, hora Madrid. También tenemos sesiones y tutoriales grabados (más de 300) para que no pierdas ni un minuto de tu tiempo.

Por supuesto también acompañamiento en tus proyectos y resolución de dudas para que avances a tu ritmo.

Inversión (en este momento): 1700 € + IVA.

Si quieres saber más, entra en www.automatismosparatodos.com y regístrate, te irán llegando las notificaciones de los pasos que estemos dando para que puedas unirte en el momento que quieras cambiar.

O también atendemos en el WhatsApp

+34 622 67 88 57

Capítulo 24 Paradoja: cuando crees que dominas la realidad y es la realidad la que te domina a ti.

La frase **"cuando crees que te domina la realidad y es la realidad la que te domina"** es un juego sutil de percepción y autoengaño. Para un buen entendedor, comunica lo siguiente:

Tú crees que lo externo te condiciona, pero en realidad, tu interpretación de esa "realidad" es lo que te limita.

O dicho de otro modo:

No es la realidad la que manda, sino lo que tú crees sobre ella.

Y al creer que no puedes hacer nada... refuerzas una realidad donde, efectivamente, no haces nada.

Es una forma elegante de mostrar cómo **la pasividad se justifica con excusas**

racionales, cuando en el fondo hay margen para actuar de una manera distinta.

Porque claro, si el entorno es tan hostil, tan complejo, tan lleno de obstáculos inamovibles, ¿cómo vas a avanzar tú, en contra de todo?

Y sin embargo, hay otros —con los mismos problemas, o peores— que mueven ficha. Que no esperan a que cambie la realidad, sino que cambian su forma de estar en ella.

Ahí está la trampa: **te convences de que no puedes moverte**.... Y enhorabuena,

ahora toca decidir si sigues obedeciendo a esa realidad prestada...

Y si ya has detectado la paradoja, descubriste la clave: el antídoto liviano ha empezado a hacer efecto.

Capítulo 25
A los 40 no te jubilas, te reinicias.

"Ya es tarde para mí. Eso lo tenía que haber hecho antes."

Frases como esas no vienen del estómago. Vienen del miedo. ¿Y sabes qué? El miedo es muy bueno disfrazándose de lógica.

—Estoy bien donde estoy… más o menos. —Me encanta, pero ahora no puedo económicamente.

—No sé si es el momento. Lo pensaré.

Todas suenan razonables. Pero en realidad, están disfrazando otra cosa:

Ese zumbido que te dice que quieres más, pero que no te atreves a mover ficha.

Y si no haces nada, eso se convierte en rutina, en cansancio crónico, en mirar el reloj un lunes a las 10:17 de la mañana y preguntarte:

"¿Esto es todo?"

No quiero depender de otros... pero no sé si podré solo

Este es el clásico dilema: quiero avanzar, pero no quiero estar solo en el intento.

Tranquilo. No tienes que elegir entre la independencia total o la dependencia absoluta.

Hay un punto medio donde puedes formarte, apoyarte en otros y avanzar con criterio propio.

Yo solo soy electricista / No tengo formación suficiente

Y sin embargo, ¿cuántas veces solucionaste cosas que nadie más pudo?

¿Cuántas veces hiciste milagros con poco presupuesto, menos tiempo y ningún manual?

Lo que te falta no es capacidad. Es dirección.

Yo ya lo vi en la universidad, pero no me acuerdo

Perfecto. Entonces ya lo viste. Ahora toca entenderlo de verdad.

Y esta vez no para aprobar un examen, sino para aplicarlo en tu vida real.

No quiero volver a fallar

Y eso te honra. Porque sólo le tiene miedo al error quien ya lo conoció.

Pero recuerda esto:

Fallaste antes con menos experiencia, menos herramientas y menos red de apoyo. Hoy estás mejor armado.

Y si vuelves a fallar, lo harás desde otro lugar. Con otra mirada. Y otra capacidad para levantarte.

Cuando el miedo viste de lógica

Ese momento en que todo parece tener sentido, pero por dentro sabes que estás huyendo.

—Yo no necesito esto.

—No es tan importante.

—Total, ya es tarde.

Son frases que suenan maduras, pero en realidad están escondiendo la inseguridad.

No dejes que el miedo se disfrace de cordura.

Dale voz al charlatán que llevas dentro

No, no me refiero al que vende humo. Me refiero a esa parte de ti que quiere contar lo que ha aprendido, compartir lo que ha vivido, ayudar a otros que están donde tú estuviste.

Dale permiso para hablar.

Porque si no lo haces tú, alguien con menos experiencia, menos oficio y menos criterio lo hará en tu lugar.

Y si dudas…

Recuerda esto: tú ya has hecho cosas más difíciles que esto.

Enfrentaste trabajos en condiciones extremas, reparaste sistemas que nadie entendía, aprendiste con prueba y error, diste la cara sin manuales ni redes de seguridad.

Esto no es más difícil. Esto solo es distinto. Y quizás, justo por eso, vale la pena.

Capítulo 26 Tu bolsillo es el freno más fuerte que puedes encontrar.

La inversión que haces en ti mismo no tiene fecha de caducidad, pero tú sí.

Hay gente que se pasa la vida esperando el buen momento para hacer algo diferente, como si fuera a llegar de una

manera especial, mientras tanto nuestro cerebro, normalmente nos aconseja que ahora no.

Tu mente solo quiere que estés bien y entra en modo ahorro. Pero su definición de "bien" es lo que ya conocemos:

No arriesgar, no hacer algo que pida un extra de esfuerzo, esto es lo que tenemos, un estancamiento premium.

Ahí entra en juego el **set point**: esa temperatura mental en la que ni sientes frío ni calor, pero tampoco avanzas.

Estás... funcional, pero apagado.

Como un controlador sin programa: sin errores, pero sin acción.

Cambiar duele, pensar agota, decidir cuesta. Por eso esa frase tan usada: **"esto siempre fue así".**

Y claro, así seguimos: repitiendo procesos viejos, con resultados mediocres, soñando con avances desde el sofá.

Nadie llegó lejos manteniéndose igual, lo tenía que decir.

El crack, el salvador, el que lo arregla todo va a fallar, qué vas a hacer cuando no esté. Te encontrarás de frente con la realidad y entonces, o te formas, o dependes.

Y depender a estas alturas ya no debería ser tu plan A. Ahora todavía estás a tiempo.

Porque no debería decidir tu bolsillo, sino tú.

Capítulo 27
El Éxito no es una Meta, es un Ritmo.

El café de la mañana es mi único ritual inquebrantable. Me gusta desayunar organizando mis ideas, para ver si esta vez tengo el ritmo que quiero.

Mi vida, en los últimos años se ha convertido en una vorágine que todo lo traga, pero también me sirve para aprender más rápido, **con la enseñanza de lo aprendido me describo cada día**.

Cuando uno emprende, cada día es un desafío, cada error, cada acierto, cada puerta cerrada me enseña algo nuevo sobre mí misma, una piedra del camino que puedo pisar y seguir o enfrentar y no avanzar.

Algunas veces tengo tantas ideas diferentes que sería apasionante hacer cada una de ellas, pero, las ideas sin acción real no sirven para nada.

Los **sueños** que no se pueden ejecutar por falta de tiempo o de **prioridad**, lo mejor es darles la oportunidad de que estén por ahí, pero que no molesten.

Pero eso sí, lo que sí que es para mí, eso no lo aparto. A eso me entrego en cuerpo y alma. Nada de medias tintas.

No he venido aquí a jugar a medias, y sé que la **realidad es maleable**, es como un material que puede moldearse con mi voluntad.

No siempre fue así. También yo seguí el camino que se esperaba: carrera, familia, rutina, trabajo fijo. **Días repetidos que se parecían demasiado entre sí.** Pero en algún momento, decidí preguntarme: ¿esto es todo? ¿O hay algo más?

No ha sido sencillo, pero he cambiado prioridades, ahora veo **posibilidades más imposibles hechas realidad**, no como un acto de fe ciega sino como un **resultado inevitable** de un trabajo metódico y de un análisis constante.

Por eso, el café de la mañana es el momento en el que todo termina y todo empieza a la vez, construyo mis piedras una a una.

No espero un camino fácil, sé que no es lineal y que muchas veces hay retrocesos. No gustan, pero son necesarios para medir mi determinación y la tuya y para hacer de tu piel una base sobre la que alguien se pueda apoyar.

Después de más de 25 años siendo docente, una de las frases que más se ha repetido en mi interior ha sido: yo he venido aquí para que otros puedan subirse sobre mis hombros y ver más allá.

¿Y tú?

¿Qué frase piensas de manera innata?

Capítulo 28
El entorno no te apoya.

¿Alguna vez se te ha pasado por la cabeza cómo algunas personas logran salir adelante incluso cuando todo lo que les rodea es para hundirles?

No hablo de tonterías, sino de entornos miserables y hostiles. Casas frías, padres que no están nunca, violentos, pobreza extrema, cárceles, abusos, abandono.

Existen en la historia muchas personas que no solo sobrevivieron a condiciones así sino que convirtieron su dolor en impulso para salir y enseñarnos muchas cosas a los demás.

Nos dejaron un legado. Una forma de mirar la vida que inspira, que nos remueve y que nos recuerda que es posible renacer.

Y no hablo de superhéroes. Hablo de personas de carne y hueso. Gente como tú y como yo. Que crecieron en lugares donde parecía que nada bueno podía haber. Y aun así, lo hicieron.

Se inventaron otra vida.

Se obsesionaron con algo, con una idea, con un sueño, y siguieron.

A veces pienso... si a mí me hubiera tocado vivir eso, ¿hubiera sido capaz también? Y la verdad, no lo sé. Pero me gusta creer que sí. Que si me hubieran lanzado al mundo sin red, algo dentro de mí se habría activado.

Incluso pienso que sería un entrenamiento para el resto de la vida. Pero no, muchos no tenemos esos problemas cuando somos pequeños y al final no tenemos lo que probablemente tienen ellos, no tenemos esa fortaleza.

A muchos de nosotros, las cosas no nos golpearon tan fuerte al principio. Y quizás por eso, **cuando llegan los golpes más adelante, nos agarran con la guardia baja**. Ya no tenemos 10 años.

Tenemos una hipoteca.

Un jefe.

Un montón de miedos que suenan muy razonables.

Porque claro, si desde chicos no tuvi-mos que hacernos fuertes —de verdad—, si no hubo que sobrevivir a la intemperie emocional, a la soledad o al rechazo... **no se forjó ese hierro interior. Ese que algunos llevan clavado en el alma desde los cinco años.**

Y no es que esté bien o mal. Es solo que... después, cuando te toca enfrentar algo duro en la adultez —una pérdida, una traición, un fracaso fuerte—, **te pilla desprevenido, te sacude más de lo que debería. Porque no estás entrenado.**

Por contra nos falta ese músculo emocional. Nos cuesta decir "no". Nos cuesta poner límites. Y sobre todo, nos cuesta salir de lo que está establecido, aunque nos esté asfixiando.

Pero ¿sabes qué? Aunque no lo hayamos aprendido de chicos, **todavía estamos a tiempo.** Duele más, sí. cuesta más,pero se puede.

No hace falta ser de hierro. Basta con no soltarte de ti mismo.

Y si hoy sientes que no tienes fuerza, que todo pesa demasiado, no te lo creas del todo. A lo mejor es solo que estás empezando a despertar. **Tú también puedes dejar tu legado.**

Capítulo 29
Yo te conozco, pero ellos no.

Yo a ti te conozco.

No personalmente (aunque si has llegado hasta este capítulo, ya somos casi colegas), pero sí te tengo calado. Y sé cómo trabajas:

- Eres de los que no se rinden a la primera.
- Te tomas las cosas en serio (aunque no siempre se note).
- Sabes más de lo que dices, y haces más de lo que aparentas.
- Y cuando algo no sale, no gritas: lo arreglas.

El problema es que todo eso solo lo sabes tú. Y yo, porque te estoy escribiendo desde dentro del gremio.

Pero el resto del mundo... ni idea.

Y ahí está el fallo.

No se trata de andar con un altavoz gritando tus logros, pero sí de entender una cosa básica:

En este juego profesional, lo que no se ve, no existe.

Y si solo tú sabes que eres bueno, que has mejorado procesos, que dominas ciertas técnicas o que hiciste magia con cuatro cables y dos sensores... entonces el reconocimiento, los proyectos interesantes o incluso ese aumento que mereces, se quedan en la mesa de otro.

Así de absurdo, pero así de real.

Y ojo, no es cuestión de ego. Es cuestión de estrategia.

Tú lo sabes, pero... ¿quién más?

Cuando terminas una instalación impecable, cuando sacas adelante una solución que otros no vieron, cuando diseñas algo que ahorra tiempo o dinero...

¿Lo anotas en algún lado?

¿Lo muestras? ¿Lo conviertes en parte de tu "catálogo profesional"?

Porque si no, está pasando como con los backups: solo se valoran cuando todo se rompe.

Ideas para dejar de ser invisible (sin ser pesado)

- Ten una maqueta que te represente: algo que puedas mostrar, con lo que expliques tu forma de trabajar.
- Comparte un pequeño logro cada cierto tiempo en tus redes profesionales.
- Ofrécete a dar una charla informal en una asociación local, en un colegio técnico, en una reunión del gremio.
- Pide feedback a clientes o compañeros y guarda estos mensajes.

No es venderse. Es dejar huella.

Porque si no lo haces, alguien con la mitad de tu talento pero el doble de visibilidad acabará llevándose el premio.

¿Y si te diera un poco igual?

También puede pasar que digas: "Bah, a mí eso no me importa, mientras yo sepa lo que valgo".

Perfecto. Pero piensa esto:

Tu futuro no depende solo de tu esfuerzo, sino de las oportunidades que logres atraer.

Y las oportunidades no vienen a golpear la puerta de quien está escondido.

Dale visibilidad a tu valor. Que se note que estás. Que se note que sabes. Que se note que puedes.

No hace falta exagerar. No hace falta actuar. **Hace falta mostrar.**

Y si necesitas empezar por algo pequeño... empieza por tener una respuesta clara para cuando alguien te pregunte:

—¿Y tú, a qué te dedicas?

Y no digas "bueno, yo ahí, un poco de todo..."

Di algo que deje claro tu valor.

—Yo automatizo procesos para que otros trabajen más tranquilos.

—Yo convierto instalaciones clásicas en sistemas modernos, eficientes y seguros.

—Yo hago que las cosas funcionen cuando tienen que funcionar.

En resumen:

Tú ya estás preparado. Pero nadie lo sabrá hasta que lo muestres.

Tú ya tienes la programación interna. Ahora falta la señal de salida.

Dale paso.

Y si quieres hacerlo acompañado tienes una formación que te llevará de la mano tanto en el aspecto técnico como de emprendimiento para que trabajes para ti. Son 6 meses de trabajo que harán un profundo cambio a nivel profesional y personal.

La inversión son 1700 euros + iva y la idea no es que vengas a aprender, sino a multiplicar tanto el tiempo dedicado como la inversión.

Capítulo 30
Cruza esa línea (aunque no veas el puente).

A veces te preguntas cómo llegar de un punto a otro. Miras hacia adelante, ves lo que quieres... y entre tú y eso, solo hay vacío.

No hay puente. No hay instrucciones. Solo un salto.

Entonces te paralizas. Porque si no ves el camino, asumes que no existe. Pero lo que no ves, no significa que no pueda construirse.

El puente no aparece. Se crea paso a paso, mientras avanzas.

Cuando el espejo no devuelve futuro

Te ves y no te reconoces. O peor: te ves como fuiste. Un reflejo viejo. Un eco de lo que eras.

Y ahí, justo ahí, puedes decidir: quedarte atrapado en ese recuerdo o usarlo como punto de partida.

Que el tiempo no pase desierto

Hay etapas que parecen vacías. Años que sientes que no dejaron nada.

Pero si te formas hoy, si aprendes algo nuevo, ese pasado cobra sentido. Se llena. Se conecta.

No te formas solo para el futuro. Te formas para rescatar el valor de lo que viviste.

El salto imaginario

No tienes que ver el puente. Tienes que **imaginarlo primero, creértelo después, construirlo mientras avanzas.**

Cruzar la línea no es romper con todo. Es empezar con lo que tienes, aunque sea poco.

Y si el miedo aparece, recuérdalo:

Ese miedo no es un freno. Es una señal. De que avanzas.

Epílogo
La huella que sigue contigo.

Llegaste al final. Y si estás aquí, no es casualidad. Algo de lo que has leído resonó contigo, y eso ya dice mucho de ti.

Este libro no es para cualquiera. Es para quienes se atreven a mirarse al espejo y preguntarse si todavía hay algo más que puedan dar. Tú, al llegar hasta aquí, ya diste tu primera respuesta: **sí**.

Quizás no quieras cambiar tu caja de herramientas por un teclado, y está bien. Lo importante es que recuerdes que todavía puedes afinar tu ingenio, renovar tu mirada, disfrutar de lo que haces y, si quieres, probar caminos nuevos sin miedo. Porque no hay fecha de caducidad para un espíritu que quiere avanzar. La vida entera está hecha de comienzos... y todavía tienes muchos por estrenar.

Y si después de este viaje quieres dar un paso más, el **Método LOGO 360** es el lugar perfecto para empezar.

Es un entrenamiento diseñado para que cualquier persona, incluso sin experiencia previa, entienda y domine la lógica del miniPLC LOGO! de Siemens de manera sencilla, guiada y práctica.

En este programa:

- Aprenderás, paso a paso, cómo crear y modificar lógicas para automatizar procesos reales.
- Tendrás ejemplos claros y ejercicios pensados para ir de cero a la acción sin sentirte perdido.
- Recibirás acompañamiento constante, tanto en lo técnico como en la parte de negocio, para que tu conocimiento no solo te dé seguridad, sino también reconocimiento económico.
- Aprenderás a utilizar la inteligencia artificial como aliada en tu día a día, para resolver problemas técnicos y administrativos.

No importa si vienes del mundo eléctrico, industrial, del mantenimiento o si simplemente quieres sumar una habilidad más a tu experiencia: este programa está diseñado para que avances sin frustración y con resultados claros.

☞ Las clases se imparten en directo **todos los martes y jueves a las 19:00 (hora de Madrid)**.

☞ La duración es de **6 meses** que transformarán tu trayectoria profesional.

☞ La inversión actual es de **1.700 € + IVA** (agosto de 2025). Ten en cuenta que este valor puede cambiar, y si estás fuera de Europa no se aplica IVA.

☞ En este momento ya hay más de 300 tutoriales con múltiples proyectos explicados paso a paso y desde el principio.

Este programa es una **inversión única**.

No solo vas a lograrlo,

sino que vas a mantenerlo en el tiempo,

porque estarás construyendo sobre cimientos firmes: el conocimiento, la práctica y la mentalidad correcta.

Así que, si lo sientes dentro de ti, no lo postergues. Este es el momento ideal para hacerlo.

La decisión está en tus manos, y tu vida profesional puede empezar a cambiar hoy.

Para conocer todos los detalles y unirte a la próxima edición, contáctame directamente por WhatsApp:

+34 622 67 88 57.

O entra en www.automatismosparatodos.com, inscríbete en este universo y explícame a dónde quieres llegar tú.

Agradecimientos

Este libro no lo escribí sola. Lo escribimos entre muchos.

Quiero empezar agradeciendo a mi madre, Asunción, que tuvo la osadía y la visión de mandarme a estudiar lejos de casa, a más de 300 kilómetros, sabiendo que a veces, para crecer, hay que alejarse un poco del nido. Gracias también a mi padre, Domingo, por estar siempre.

A mis profesores de Ingeniería Mecánica, los primeros que me mostraron que la técnica también puede enseñar humanidad.

A mis alumnos de estos 25 años como profesora de instituto: ellos me enseñaron a explicar con calma, con claridad, y a no dar nada por sentado. Gracias por recordarme que lo importante no es cuánto sabes, sino cómo lo cuentas.

A todo el equipo del Instituto Politécnico Cristo Rey, por su apoyo constante, y por tantos años de camino compartido.

A Niko Chaparro, mi compañero en esta y otras aventuras. No solo es coautor de estas páginas, sino sostén en cada borrador, cada duda, cada madrugada de escritura. Este libro también es tuyo, porque sin tu mirada y tu constancia, muchas de estas palabras no habrían encontrado su forma. Gracias por ser apoyo silencioso y también impulso firme.

A mis tres hijos Javier, Alba y Adriana, por ser mi mejor escuela de paciencia y de propósito. Por enseñarme que cada cosa tiene su tiempo... y que ese tiempo se encuentra si de verdad importa.

A mis más de 400 alumnos online desde 2020: su confianza fue el motor que me empujó cuando yo misma dudaba. A todos los que se lanzaron sin saber exactamente a dónde los llevaría este viaje, pero con la certeza de que merecía la pena.

A quienes me siguen en redes sociales y me animan con cada comentario, cada mensaje, cada "me hiciste pensar" que recibo.

A quienes me han acompañado desde los grupos de Telegram, por hacer que esta travesía digital se sintiera cercana.

A mis mentores. Y en especial, a Rosa Montaña y su programa NEVEN. Sin su guía y su empujón final, este libro seguiría siendo un borrador escondido en una carpeta del ordenador.

También quiero mencionar a Antonio Alonso, compañero y amigo que ya no está en este plano, pero que me dedicó tantas horas y tanta generosidad en el Instituto Politécnico Cristo Rey. Él creyó en mí incluso más que yo misma. Gracias por eso, Antonio.

Y sí... también me agradezco a mí. Por no rendirme. Por seguir escribiendo incluso cuando el cansancio y las dudas se sentaban a mi lado. Sin grandilocuencias. Solo con la firmeza de quien sabe que algo merece ser contado.

Este libro nació de cientos de conversaciones reales con técnicos de todo el mundo. Y está escrito para recordarles que nunca es tarde, que siempre hay un siguiente paso, y que se puede aprender a programar a cualquier edad.

A mis alumnos, otra vez, por algo especial: me contagiaron su ilusión, y esa ilusión fue la chispa que encendió este proyecto.

Y si tú estás leyendo esto, quizás también formes parte de esta historia. Porque si pasaste por mi proceso, si alguna vez hablamos, si compartiste tus dudas o tus avances... este agradecimiento también es para ti.

Gracias por confiar en mí. Gracias por ser parte de este viaje. Por enseñarme tanto. Por recordarme que escribir y enseñar también es aprender.

Porque juntos, sí, juntos... estamos dejando huella.

Te acompaño algunos testimonios de profesionales que han aprendido conmigo en mi escuela online.

José Manuel González

> "Mi experiencia ha sido excelente. He aprendido más de lo que esperaba, de forma clara y práctica. Empecé con conocimientos casi nulos y hoy ya aplico lo aprendido en proyectos reales. Me siento seguro para afrontar nuevos retos técnicos."

Jesús María Calvo

"Esta formación fue un antes y un después. Tras más de 10 intentos fallidos, encontré aquí el empuje que necesitaba. Me sentí parte de una familia, enganchado a cada clase, ganando confianza y autoestima laboral. Hoy automatizo con criterio... y con orgullo."

Daniel Rubén Maniago

Técnico electromecánico, con amplia experiencia en refrigeración (Atlantic /Canary, GMT+01:00)

"Mi experiencia ha sido **magnífica**. Nunca imaginé que podría convertir en proyectos reales esas ideas que durante años solo estaban en mi imaginación.

Lo más valioso que me llevo es el conocimiento que estoy adquiriendo. Y sí, lo considero un logro en sí mismo, porque estoy invirtiendo en mi futuro, un futuro que espero construir desde la **autonomía profesional**.

Mi nivel de partida en automatización era completamente nulo. Todo lo que sé hoy lo he aprendido aquí, en esta escuela online. Y me parece **increíble** que exista un lugar así: **accesible, claro y transformador**."

Héctor Alejandro Torres Álvarez

Ingeniero Eléctrico(Etc/GMT-4)

"Durante mi formación en el Colegio Salesiano y en la universidad, cursé asignaturas de automatización, pero nunca llegué a profundizar. No recuerdo el día exacto en que empecé esta nueva etapa, pero sí que fue hace unos dos años, cuando me uní a la formación de *Automatismos para Todos*, impartida por la Ing. Mar Jorge.

Al principio fue duro. Estaba sin trabajo y tuve que aceptar un empleo ajeno a mi profesión: encargado de bodega en una librería. Como las clases eran en horario laboral, empecé a ver las grabaciones por las tardes, decidido a no rendirme.

Y ahí comenzó todo.

El estilo claro y cercano Mar hizo que incluso lo complejo se volviera comprensible. Aprendí, avancé y —con orgullo— logré trabajar como proyectista eléctrico **en la empresa con la que siempre había soñado**.

Recuerdo cuando Mar me preguntó cuál era mi sueño... y era exactamente ese lugar.

Hoy, aunque vuelvo a estar sin empleo, el miedo es distinto. Porque ya no estoy desorientado: tengo herramientas, claridad y confianza. **Mar no solo enseña automatización, también enseña a resistir, a reinventarse y a buscar oportunidades con estrategia.**

Para mí es un honor pertenecer a este grupo humano. Aprendimos juntos, nos apoyamos en cada paso, y cada logro compartido lo celebramos como propio.

Si tienes motivación por crecer en este campo, no hay duda: este es el lugar. Y Mar, la mejor guía para recorrerlo."

www.ingramcontent.com/pod-product-compliance
Lightning Source LLC
LaVergne TN
LVHW022224200926
848481LV00006B/2113
9791399075359